Alex Fabian Estrella Quispe
German Patricio Segura Nuñez
Edwin Marcelo Sandoval Sandoval

Sistemas de gestión de indicadores clave de despeño (KPIS) en procesos

Alex Fabian Estrella Quispe
German Patricio Segura Nuñez
Edwin Marcelo Sandoval Sandoval

Sistemas de gestión de indicadores clave de despeño (KPIS) en procesos

Dimensionamiento, instalación, control, automatización y mantenimiento de instalaciones eléctricas

Editorial Académica Española

Imprint
Any brand names and product names mentioned in this book are subject to trademark, brand or patent protection and are trademarks or registered trademarks of their respective holders. The use of brand names, product names, common names, trade names, product descriptions etc. even without a particular marking in this work is in no way to be construed to mean that such names may be regarded as unrestricted in respect of trademark and brand protection legislation and could thus be used by anyone.

Cover image: www.ingimage.com

Publisher:
Editorial Académica Española
is a trademark of
Dodo Books Indian Ocean Ltd. and OmniScriptum S.R.L publishing group

120 High Road, East Finchley, London, N2 9ED, United Kingdom
Str. Armeneasca 28/1, office 1, Chisinau MD-2012, Republic of Moldova, Europe
Printed at: see last page
ISBN: 978-3-659-09239-8

Sistemas de gestión de indicadores clave de despeño (KPIS) en procesos industriales

o

Línea de investigación

Dimensionamiento, instalación, control, automatización y mantenimiento de instalaciones eléctricas y equipos residenciales e industriales.

Contenido

INDICE DE IMÁGENES

RESUMEN EJECUTIVO

La presente investigación se enfocó en diseñar una aplicación tecnológica de indicadores del Sistemas de gestión de procesos productivos, estos elementos son herramientas importantes para controlar los resultados de un proceso productivo, pero a su vez muy complicados para aplicar en tiempo real. Los indicadores de gestión de alto nivel pueden enfocarse en el desempeño general de la empresa, mientras que los (**KPI**) de bajo nivel pueden enfocarse en los procesos o los empleados en cada departamento como puede ser: producción, ventas, mercadeo o un centro de soporte al cliente. La creación de los Indicadores de producción es prioritaria para comenzar a registrar resultados, y obtener información relevante del proceso. Es muy importante elegir los indicadores más adecuados durante el proceso de diseño de un nuevo Sistema de Gestión Productivo mediante tecnologías de sistemas embebidos, se investigó de acuerdo a la normativa para elaborar indicadores de gestión industrial que permitan su aplicación en tiempo real con el diseño de sistemas tecnológicos compatibles en hardware y software para desarrollar el presente trabajo investigativo. Las organizaciones utilizan indicadores de gestión en múltiples niveles para evaluar su éxito al alcanzar las metas planificadas en un periodo definido.

Palabras Clave: Producción, Indicadores, Control, Gestión, Sistema.

THEME:

KEY PERFORMANCE INDICATOR MANAGEMENT SYSTEM (KPIS) IN INDUSTRIAL
PROCESSES

ABSTRACT

The present research focused on designing a technological application of indicators of the Production Process Management Systems, these elements are important tools to control the results of a production process, but at the same time very complicated to apply in real time. High-level management indicators can focus on the overall performance of the company, while low-level KPIs can focus on processes or employees in each department such as: production, sales, marketing or a customer support center. The creation of Production Indicators is a priority to start recording results, and obtain relevant information about the process. It is very important to choose the most appropriate indicators during the design process of a new Productive Management System using embedded systems technologies, it was investigated according to the regulations to develop industrial management indicators that allow its application in real time with the design of technological systems compatible in hardware and software to develop the present research work. Organizations use management indicators at multiple levels to evaluate their success in achieving planned goals in a defined period. Keywords: Production, indicators, control, management, system.

Keywords: Production, indicators, control, management, system.

1. INTRODUCCIÓN

La presente investigación se enfoca en el Sistema de gestión en el área de indicadores, y una actividad importante para controlar los resultados de un proceso productivo, pero a su vez muy complicada para aplicar. La creación de los Indicadores de producción es prioritaria para comenzar a registrar resultados, y obtener información relevante del proceso. Es muy importante elegir los indicadores más adecuados durante el proceso de implementación de un nuevo Sistema de Gestión Productivo, es por ello que se investigará de acuerdo a la normativa para elaborar indicadores de gestión que permiten su aplicación en Tiempo real con el desarrollo de sistemas ambientales, para desarrollar el presente trabajo investigativo el presente trabajo investigativo. (resitua, 2022)

2. CONTEXTUALIZACIÓN DE LA REALIDAD

La realidad de la presente investigación se basa en la necesidad de implementar los indicadores de gestión de producción en el área industrial, debido a que la mayoría de empresas no los han implementado, por eso se debe realizar un estudio de los indicadores mencionados y las tecnologías libres existen para mejorar los procesos productivos porque, lo que no se mide no se mejora.

3. OBJETIVOS

Objetivo General

Desarrollar sistemas de gestión de indicadores clave de desempeño en procesos industriales.

Objetivos Específicos

- Determinar los procesos para elaborar indicadores de desempeño (**KPIS**) aplicadas en procesos industriales.
- Identificar indicadores de gestión que regulen y agilitan los procesos industriales.
- Determinar tecnologías con sistemas embebidos que puedan aplicarse como indicadores de gestión industrial.

4. JUSTIFICACIÓN

La presente investigación se enfocará en el estudio del Sistema de gestión en el campo de indicadores, en la aplicación de los procesos industriales, porque registra importancia en el sector productivo local la aplicación de los indicadores de calidad, estos elementos están vigentes en todos los procesos de producción y servicio para lograr buenos resultados. Este trabajo permitirá mostrar los resultados de los indicadores de calidad y productividad para medir la eficiencia de las actividades de los procesos mediante elementos tecnológicos. (Lopez, 2023)

La factibilidad del proyecto radica en la apertura de herramientas necesarias tanto intelectuales como físicas para su respectiva investigación, en función de las variables a controlar para medir el proceso industrial.

Es útil este tipo de investigación porque nos permite conocer cuáles son los rendimientos de calidad o cantidad y como se los utilizará para mejorar los niveles de producción.

Los indicadores de producción impactan en la sociedad debido a que estimula la productividad y el desarrollo socioeconómico de las pequeñas y medianas empresas de la región.

5. ANTECEDENTES INVESTIGATIVOS.

La gestión de la calidad reúne un conjunto de acciones y procedimientos que buscan garantizar la calidad, no de los productos en sí, sino del proceso para el cual se obtienen estos productos.(tudashboard, 2022)

La gestión permite visualizar a la organización de una manera general o global definiendo sus capacidades y necesidades, busca canalizar esfuerzos a fin de lograr un objetivo. Su concepto se puede resumir en la disposición y organización de los recursos de un individuo o grupo para obtener los resultados esperados. (linkedin, 2022)

Desde los inicios de la sociedad el hombre se ha planteado la necesidad de regular sus acciones para el control de los recursos que tenía a su disposición a fin de garantizar su supervivencia, de lo que nació un proceso de regulación e identificación de actividades que sean supervisadas mediante indicadores para garantizar los resultados esperados.

6. MARCO TEÓRICO

6.1. Procesos industriales

Un proceso industrial es el proceso encargado de recolectar, procesar o transportar uno o más productos primarios, también conocidos como materias primas. El punto, sin embargo, no es transformarlos como tales. Detrás del proceso industrial late una intención, que generalmente consiste en lograr que dichos elementos primarios se conviertan en materiales, herramientas, sustancias y productos que satisfagan una serie de necesidades de un público concreto. (Pérez, 2022)

6.2. Indicadores de Gestión

Los indicadores de gestión o KPI miden el desempeño del trabajo en relación con las metas establecidas en la estrategia, el desempeño de actividades específicas o la implementación de su misión por parte de un grupo de expertos. Se pueden clasificar en diferentes grupos. Cada sector de la economía utiliza uno u otro según sus necesidades. Con esto es posible pulir una estrategia con información empírica, ya que se podrá ver si la marcha de las acciones o los resultados de un plan anterior fueron pobres. (bizneo, 2022)

Sistemas de Control para la gestión estratégica en las empresas

El sistema de administración empresarial consiste en un conjunto complejo de funciones estructuradas y funcionales, por lo que se considera gerencia a la dirección, gestión y control del trabajo de los empleados con el fin de lograr los objetivos de la empresa. Sin embargo, si se desea que dicha dirección gestione las estrategias, esta deberá concentrarse en las siguientes tareas (Luzardo & Vázquez, 2010).

1. Definir la misión y visión de la empresa
2. Tener objetivos en el corto, mediano y largo plazo
3. Elaborar la estrategia para cumplir con los objetivos

4.   Efectuar y establecer la estrategia

5.   Controlar, evaluar y promover las tareas de una forma correcta.

Misión, visión, valores y metas, específicas y generales; debe desarrollarse de acuerdo a lo que la empresa quiere lograr en el corto, mediano y largo plazo; Por eso Airwelde S.A. Primero debe tener una misión y una visión claras, luego definir los objetivos de la empresa y poder enfocarse en lo que quiere.

El control es de gran importancia en la gestión, porque si la empresa no sigue una excelente planificación, una gestión eficaz y eficiente, la alta dirección no sabrá de la situación de la empresa, no sabrá de los resultados alcanzados, de dónde está la empresa. se deteriora y si los objetivos se están llevando a cabo correctamente, esto significa que el control es de gran importancia para todas las empresas, se utiliza para evaluar el desempeño de la empresa y la capacidad de determinar con un conocimiento más profundo si las estrategias utilizadas son adecuadas para la empresa.

7. Control de Gestión

La empresa objeto de estudio tiene el problema de no contar con un control de las actividades que desempeña cada uno de los trabajadores, sin embargo, como lo indican los autores Luzardo y Vázquez es de gran importancia llevar un control adecuado para el cumplimiento de los objetivos organizacionales de la compañía. (BUILDING TALENT, 2022)

Para los sistemas de gestión es importante la implementación de una herramienta llamada KPI (Key Performance Indicators) la misma que sería utilizada con el objetivo de establecer control en cada etapa de los procesos productivos.

6.4 Diseño de los KPI

Los KPI sirven de mucha ayuda para identificar y resolver los problemas, a su vez ayuda a tomar mejores decisiones por parte de la gerencia, y tener un mejor rendimiento de las actividades que realiza la empresa, es necesario identificar a simple vista los problemas que está teniendo la empresa, y así estructurar de una mejor manera los KPI (Camí, 2012).

Los KPI al brindar información sobre los departamentos fundamentales de las actividades que se realizan tales como la calidad del servicio, su eficiencia y eficacia, son de gran importancia para el aporte de los objetivos de la empresa con la perspectiva de una mejora continua (Bonnefoy & Armijo, 2019).

Contar con KPI relacionados a la gestión estratégica de la empresa, ayuda a la toma de decisiones de la gerencia, mejora el rendimiento de las actividades de la empresa, y permite que la empresa tenga un mejor desempeño. (Bonnefoy & Armijo, 2022)

Los KPI (Key Performance Indicators) o indicadores clave de desempeño se los puede definir

de la siguiente manera "son métricas que miden el desempeño de un proceso de manera tal que sirvan de guía para alcanzar un objetivo fijado por la organización, en otras palabras, es un indicador que está vinculado a un objetivo". (Cruz, Lara, Ortega, Rabago, & Vilchis, 2008)

Los KPI son considerados como una herramienta potencial para la gerencia de una empresa, son el eje de la administración de una organización, debido a que ayudan al direccionamiento correcto de las estrategias de la empresa. (Barranco, 2013)

Los KPI deben ser establecidos en puntos críticos o importantes de un proceso productivo para medir y controlar las operatividades de las máquinas, el trabajo realizado por el personal en un tiempo determinado, la validación de unidades producidas por jornadas de trabajo, las horas productivas reales en función del cumplimiento de los objetivos planteados en un tiempo definido para validar los resultados de las estrategias de mejora aplicadas por la organización.

6.4.1. Cuatro tipos de métricas

Hay cuatro tipos de métricas vinculadas con el rendimiento de las empresas.

Indicadores de Resultados Clave (IRC): Importantes para demostrar los resultados logrados por la compañía.

- **Indicadores de Desempeño (IP):** Sirven para establecer órdenes a los trabajadores de la empresa.

- **Indicadores de Resultados (IR):** Demuestra a los trabajadores el trabajo realizado.

- **Indicadores Clave de Rendimiento (KPI):** Sirven para indicar a la Gerencia lo que se debe hacer para mejorar el rendimiento de la empresa significativamente. (Consulting Group Sixtina, 2021)

6.4.2. Indicadores Clave de Resultados (ICR)

Los Indicadores Clave de Resultados son como su nombre lo indica el resultado de sus actividades, los mismos que expresan claridad a la empresa del correcto direccionamiento hacia las metas estratégicas de la empresa, además, los ICR demuestran a la gerencia de la compañía sobre las funciones que se deben desarrollar para cumplir con las metas deseadas. (Consulting Group Sixtina, 2008)

A continuación, algunos ICR que son tomados erróneamente como KPIs:

- Satisfacción del servicio brindado a los clientes
- Utilidad Neta antes de Impuestos y Participaciones
- Rentabilidad ganada por cada cliente.
- Satisfacción de los trabajadores de la empresa.

Los KPI están vinculados con la estrategia organizacional mientras que las demás métricas están vinculadas con la administración de la empresa. (Consulting Group Sixtina, 2008)

6.5 Características de los KPI

Los KPI son medidas inmediatas del rendimiento de las operaciones de la empresa. Tener una visión en tiempo real ayuda a los gerentes a saber administrar la empresa en forma productiva y proactiva. Sin embargo, sin un acceso rápido y automatizado para KPIs, los empleados tienen que ejecutar múltiples reportes o hacerlos manualmente, es por eso que se requiere obtener los KPI en tiempo real ya que puede marcar la diferencia entre sobrevivir y prosperar en el mercado donde se encuentra inmersa la empresa. (Mazeneth, 2013)

Un buen KPI define rápidamente qué acciones deben ejecutarse de inmediato, por lo que es necesario ser lo suficientemente claros para identificar perfectamente la información necesaria para la elaboración de los indicadores. (Mazeneth, 2013)

Los KPI deben ayudar a definir y medir el progreso hacia los objetivos de la empresa, tienen que demostrar a la empresa si es que se está consiguiendo los propósitos del negocio, los datos de los KPI tienen que ser consistentes, correctos y disponibles a tiempo. (Mazeneth, 2013)

Existen 7 características primordiales que debe tener todo KPI. (Barranco, 2019)

1. Son métricas que no hacen referencia al dinero.

2. Medibles periódicamente, no como los IR (indicadores de resultados), que están relacionados al ciclo de los cierres de la contabilidad. Es común que los KPI sean medidos semanalmente y mensualmente.

3. La Gerencia de la empresa son quienes manejan los KPI. Los mismos son los que toman decisiones acerca de los resultados de los mismos, y hacen un seguimiento de los KPI.

4. Los KPI permiten determinar de una forma clara cuáles son las funciones que deben desempeñar los grupos de trabajo y los responsables de cada uno, y que todos entiendan el KPI claramente.

5. Los KPI exigen responsabilidad y compromiso por parte de todos los miembros de la empresa desde el Gerente General hasta los Técnicos, pues todos deben de dar el mejor desempeño para lograr el éxito empresarial.

6. Están relacionados directamente con los llamados Factores Clave de Éxito de la organización.

7. Los KPI siempre incitan a actividades positivas para el crecimiento del rendimiento de la compañía. Hay que evitar los problemas de mal cálculo de los KPI pues traerían como consecuencia malas decisiones por parte de la gerencia.

8. Importancia de los KPI

Los KPI son de gran importancia para las compañías debido a que sirven de mucha ayuda para analizar la situación actual de la empresa, sirven como base para la toma de decisiones importantes por parte de la gerencia, influyen en la empresa para implementar mejoras en cada uno de las actividades claves, y son de ayuda para facilitar el cumplimiento por parte de cada uno de los trabajadores de la empresa con respecto al compromiso que tiene con la compañía de dar su mejor esfuerzo, alcanzando un alto rendimiento por cada uno de ellos y lograr los resultados deseados por la compañía. (Luzardo & Vázquez, 2010)

Logrando medir el compromiso de todos los integrantes de la empresa mediante KPI´S podremos desarrollar un proceso de mejora continua en los resultados esperados por que solo lo que se mide se puede mejorar.

6.6 Tipos de KPI

Los KPIs poseen dos objetivos primordiales, el primero consta en la medición del rendimiento de los procesos de la compañía para tener un listado de todas las actividades claves que tiene la empresa, y el segundo consta en el almacenamiento de esa información para el respectivo seguimiento y control en largo plazo e identificar con precisión el desarrollo del desempeño de dichas actividades. (Carlos, 2014)

Los KPI se pueden definir dependiendo del tipo de empresa que sea, a continuación, unos ejemplos de KPI (Carlos, 2014)

1. **Económicos:**
   - Ingresos
   - Egresos
   - Utilidad Neta
   - Impuestos y Participaciones
   - Utilidad antes de Impuestos y Participaciones

2. **Financieros:**
   - Retorno de la Inversión (ROI)
   - Retorno del Patrimonio (ROE)
   - Retorno de los Activos (ROA)
   - Índice de liquidez
   - Apalancamiento

3. **Logísticos:**
   - Stock de productos y servicios
   - Instalaciones y mantenimientos realizados
   - Instalaciones y mantenimientos pendientes
   - Requerimientos de servicios
   - Tiempo de ejecución del servicio

4. **Recursos humanos:**
   - Rotación de los trabajadores

- Nómina salarial
- Problemas con el personal
- Atrasos y Faltas
- Reclutamientos internos y externos

5. Producción:

- Productos elaborados
- Costo de Producción
- Tiempo para la elaboración de los ductos, planchas
- Materiales y repuestos
- Materiales y repuestos desperdiciados o perdidos

6. Aseguramiento de calidad:

- Número de productos defectuosos
- Calidad del servicio y producto brindado
- Fallas y problemas con equipos
- Problemas con instalaciones realizadas

7. Clientes:

- Portafolio de clientes
- Número de clientes nuevos
- Número de clientes perdidos
- Participación de mercado de la empresa

8. Servicio y soporte:

- Quejas y reclamos de clientes receptados
- quejas y reclamos solucionados
- satisfacción de los clientes
- Tiempo en solucionar las quejas

7 TARJETA WIFI ESP8266 ESP-01

Es primordial conocer que se debe fijar un tiempo para saber que se debe asignar un periodo de tiempo específico a cada uno de los KPIs, se debe fijar el proceso en el cual se va a medir el KPI, el trabajador que va asumir la responsabilidad de ese proceso y el tipo de medida para medir los resultados de los procesos. (Carlos, 2014)

La necesidad de controlar una gran cantidad de indicadores de gestión (KPI´S) con diferentes tiempos de análisis de resultados dificulta poder realizar un análisis crítico sobre la calidad y cantidad de los resultados obtenidos en un periodo determinado, es importante considerar el uso tecnologías que estén orientadas a vigilar en tiempo real las variables controladas por los KPI´S para poder tomar decisiones y realizar cambios oportunos en los procesos productivos que se están controlando. El uso de sistemas electrónicos combinados con sistemas de comunicación inalámbrica facilitan el procesamiento de datos del proceso, debemos sin embargo considerar los costos de las tecnologías disponibles para estas aplicaciones, por está razón es importante el desarrollo de sistemas tecnológicos embebidos que son creados por empresas de hardware y software libre, donde la imaginación y creatividad del programador junto con la experiencia del especialista en control son los elementos fundamentales en la creación de nuevas aplicaciones tecnológicas.

El módulo WiFi ESP8266 es un autocontenedor SOC, con pila integrada protocolo TCP/IP que puede dar acceso a cualquier microcontrolador a su red WiFi. El ESP8266 es capaz de acoger ya sea una aplicación o la descarga de todas las funciones de red Wi-Fi desde otro procesador de aplicaciones, cada módulo ESP8266 viene pre-programado con un conjunto de firmware de comando AT, es decir, sólo tiene que conectar esto a su dispositivo Arduino y obtener aproximadamente la misma cantidad de WiFi como ofrece WiFi Shield. (sandorobotics, 2023)

El módulo tiene suficiente potencia de procesamiento y memoria para integrarse con sensores y dispositivos específicos de la aplicación a través de su GPIO, al tiempo que reduce los costos de predesarrollo y tiempo de ejecución. Su alto nivel de integración en el chip permite un circuito externo mínimo, incluidos los módulos frontales, y está diseñado para ocupar la misma área de PCB. El ESP8266 admite interfaces de coexistencia APSD y Bluetooth para aplicaciones de VoIP, incluye una función de calibración automática de RF que le permite funcionar en cualquier condición y no requiere piezas de RF externas.

Ilustración 1Módulo WIFI ESP8266 ESP-01

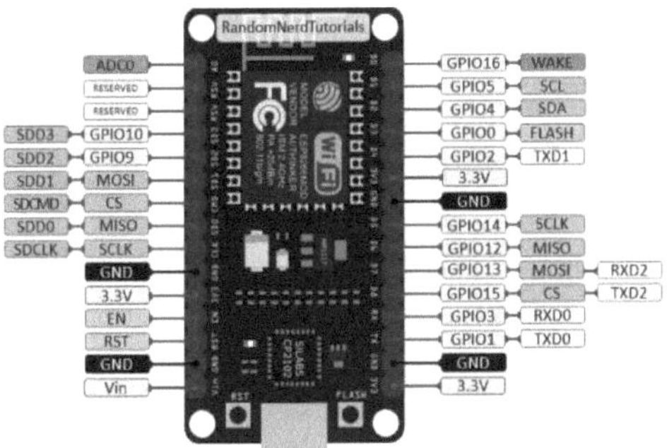

Nota: Molde de las entras, y salinas con su respectiva característica y partes de la tarjeta ESP-8266

6.7 SOFTWARE DE PROGRAMACION LIBRE THINGSPEAK

ThingSpeak es una plataforma de Análisis de datos para Internet de las Cosas IOT, pero podría analizar cualquier tipo de dato numérico, está en la nube y te permite de una manera muy intuitiva agregar y visualizar datos. Puedes hacer más cosas, si subes tu propio código, aunque, no va a ser nuestra opción, a no ser que seas un monstruo en MATLAB. Es el lenguaje que hace la magia en ThingSpeak, es una plataforma abierta de aplicaciones con análisis de MATLAB, diseñada para permitir conectar personas con objetos. Se caracteriza por ser una plataforma Open Source con una API para almacenar y recuperar datos de los objetos usando el protocolo HTTP sobre Internet o vía LAN. (thingspeak, 2023)

Ilustración 2 TRABAJAR CON THINGSPEAK

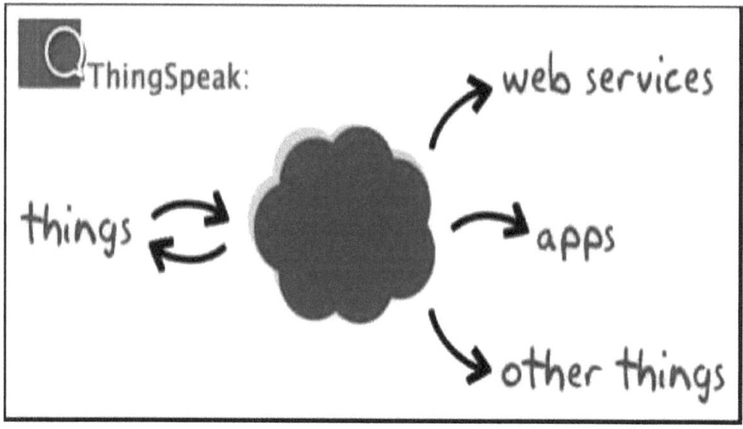

Nota: TRABAJAR CON THINGSPEAK es la nube donde se muestran los resultados por medio de conexiones inalámbricas de la tarjeta hacina la base de datos

6.8 INTEGRACIÓN

Una de las características en la plataforma IOT, es la de permitir una amplia integración con diversos dispositivos Hardware y Software. En este caso THINGSPEAK permite la integración con diversas plataformas tales como:

- Arduino
- Raspberry Pi
- IoBridge / RealTime.io
- Electric Imp 53
- Móbiles / Aplicaciones web
- Redes Sociales
- Análisis de datos con MATLAB
- Apps en THINGSPEAK

Las aplicaciones que encontramos en ThingSpeak son un complemento perfecto para proyectos, dotándolos en muchos casos de unas funcionalidades muy interesantes. (Garrido, 2016)

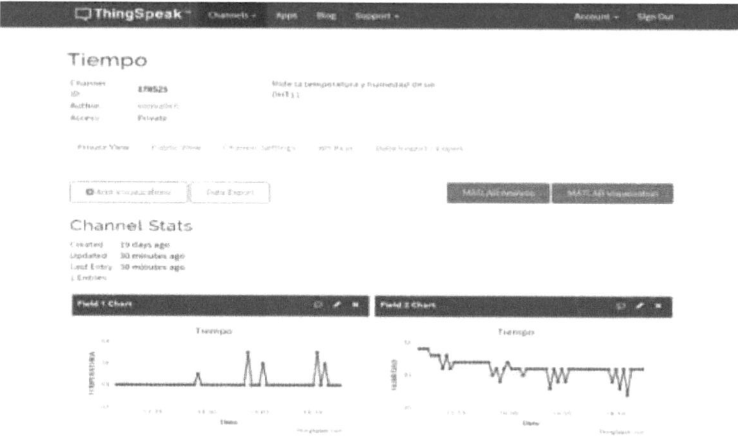

6.9 Ventajas y Desventajas de los KPI

El objetivo con las nuevas tecnologías en desarrollo es poder convertir un KPI en una señal IOT que tenga un valor relevante o critico en un proceso productivo, donde se pueda determinar en tiempo real la situación actual de una variable controlada para poderla corregir antes que los resultados sean menos favorables para la gestión productiva.

Tabla 1 Ventajas y Desventajas KPI's

VENTAJAS	DESVENTAJAS
Los KPI gestionan información sobre los objetivos marcados que permiten medir el éxito de la empresa.	El desarrollo de KPI sin un control de gestión regular es una forma ineficaz de lograr los objetivos de la organización.
Se pueden utilizar para analizar la eficiencia y el rendimiento en cualquier área de negocio.	La utilización de información histórica para la elaboración de KPIs produce resultados ineficientes para la organización.
Su propósito es mejorar la gestión y las operaciones de la empresa, así como apoyar la estrategia de la organización.	El uso de métricas erróneas puede proporcionar una evaluación de la empresa insignificante.
Facilitan el seguimiento de la estrategia de ejecución y permiten un seguimiento regular de los objetivos estratégicos de la organización para que se puedan realizar mejoras.	Los KPI son indicadores de rendimiento futuro, por lo que si su frecuencia se calcula mal, pueden convertirse en indicadores de rendimiento en lugar de impulsores de medidas correctivas.

7 METODOLOGIA

El requerimiento industrial del control de procesos mediante indicadores de gestión KPI´S tiene como finalidad complementarse con las tecnologías de sistemas embebidos para reducir su costo en la realización de aplicaciones tecnológicas industriales. Se desarrollará un algoritmo para medir la cantidad de productos elaborados como indicador KPI de gestión de producción. Los algoritmos son pasos secuenciales y ordenados de un sistema de control para obtener el producto deseado como resultado final.

7.1 ALGORITMO

- El sistema debe contar con un sistema de control eléctrico que active o desactive una señal digital mediante un contacto seco.

- El contacto seco será considerado como la variable del sensor de existencia o no existencia para el conteo.

- Contar con una tarjeta de ESP8266, qué tiene la faculta de enlazarse a una red Wifi mediante una nube.

- Se deberá programar el software que realice el enlace con la nube.

- Se visualizará la señal digital a través de un software aplicativo.

- Cuando se active el sistema de control la señal digital va a ser detectada por acción del contacto normalmente cerrado (NC) al sistema de la nube y visualizada por medio de la aplicación.

- El sistema se apaga, la señal digital va activar la señal por cambio de estado del contacto (NC) y va a ser subido en la nube para visualizarlo en el software.

- El sistema debe monitorear en tiempo real con una demora de 8s para actualizar el estado del dato activado.

- En el ejemplo se está utilizando una señal indicadora tipo contador de unidades producidas por unidad de tiempo.

7.2 ESTRUCTURA DE EQUIPOS

Para desarrollar la aplicación práctica de la investigación desarrollada se elaboró un tablero eléctrico en el cual se instaló un circuito de control eléctrico para las pruebas operativas mediante un contactor y luces piloto indicadoras , el mismo que tendrá la capacidad de generar una señal digital con un contacto normalmente cerrado para enviar la señal eléctrica digital de 0 o 1 para que la tarjeta pueda interpretarlo como la existencia o inexistencia de un producto , esta señal posteriormente se enviará a la nube de la aplicación tecnológica utilizada ThinkSpeak.

Ilustración 4 Estructura y perforación de equipo

Nota: Se realiza el proceso de la perforación para los indicadores de control en un tablero plástico de 35x25x20 cm lo cual está diseñado para instalar elementos de control y fuerza.

7.3   COLOCACIÓN DE LUZ PILOTO Y PULSADORES

La colocación de pulsadores y luces indicadoras nos permite visualizar cuando el dispositivo está en funcionamiento (luz verde) o está apagado (luz roja), también puede interpretarse como la existencia o no existencia de un producto, la señal es transmitida mediante un contacto normalmente cerrado que cambia de estado operativo de cerrado a abierto o viceversa de acuerdo a su funcionamiento programado en el proceso. Podemos saber que se activó o desactivo y está condición se ve reflejada en la nube ThinkSpeak la cual nos da información de 0 o 1.

Nota: Se procede con las conexiones con los pulsadores y señales para una respectiva señalización y activación de la parte del circuito de control hacia la todo el sistema eléctrico.

7.4 ALIMENTACION DE LA TARJETA ESP8266

Para la alimentación de la tarjeta se utilizó una fuente de poder de 110/220VAC con salida 12VDC 5A que nos permite el funcionamiento de la tarjeta ESP8266. La fuente de poder es regulada para garantizar estabilidad en los dispositivos electrónicos a utilizar.

Nota: Fuente de alimentación que funciona 110/220VAC/ 5A salida 12VDC para la respectiva alimentación de la tarjeta ESP8266.

7.5 CONEXIÓN DE CONTROL Y FUERZA

Para la conexión del elemento de control y fuerza se usó cable flexible THHN #18 y cable flexible THHN#12 y para la protecciones se uso un breaker de 1p 3A , para la parte de fuerza se uso un contactor de 9A con un bloque auxiliar NA y NC para realiza la memoria del circuito eléctrico y el contacto (NC) dará paso para la señal hacia la tarjeta electrónica de control y posteriormente envié la señal a la nube.

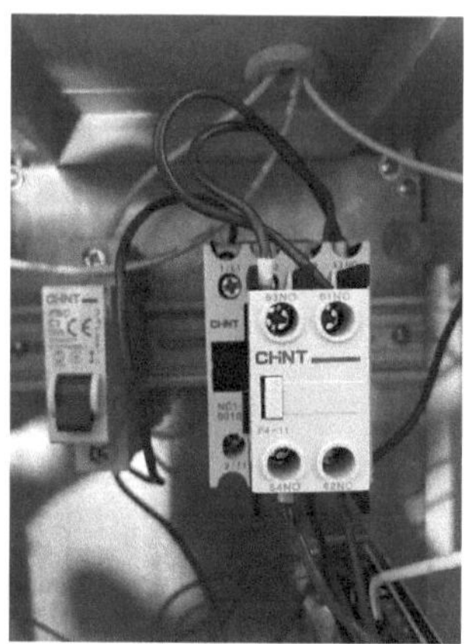

Nota: Se procede a instalar el circuito de fuerza y control con los auxiliares para conectar los pulsadores y luces indicadoras que nos permite visualizar cuando está en funcionamiento o está en paro el proceso industrial.

7.6   PROGRAMACION DE LA TARJETA ESP8266

Para la configuración y construcción de la tarjeta electrónica se usó el programa Proteus, en el desarrollo de la placa electrónica se usó dispositivos electrónicos como opto acopladores, transistores, resistencias y una batería adicional de respaldo para el funcionamiento de la tarjeta ESP8266.

Ilustración 8 Conexiones en Programa Proteus

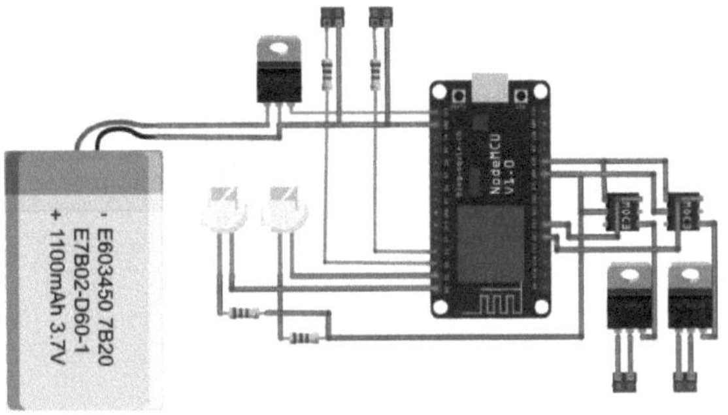

Nota: Se detalla por medio de simulación el prototipo del circuito en función

7.7   PAGINA THING SPEAK

Para visualizar los resultados obtenidos mediante la tarjeta ESP8266 y el sistema eléctrico desarrollado para las pruebas operativas, los datos obtenidos podemos observarlos en la página Thing Speak , el mismo que esta diseñado para procesar los datos en la nube.

Ilustración 9 Datos de carga por medio de la Nube

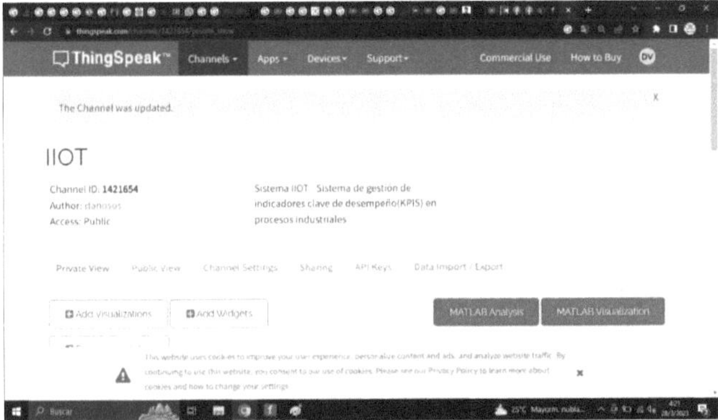

Nota: Se procede a enlazar por medio de wifi la comunicación de base de datos a la nube ThingSpeak

7.8   DIAGRAMA DE CONEXIÓN

Mediante el diagrama de conexión del circuito eléctrico a prueba nos permitió realizar las pruebas operativas pertinentes al proyecto desarrollado, se desarrollo un sistema de arranque directo de motores como circuito prototipo para las pruebas operativas del módulo.

Ilustración 10 Circuito eléctrico de control operacional

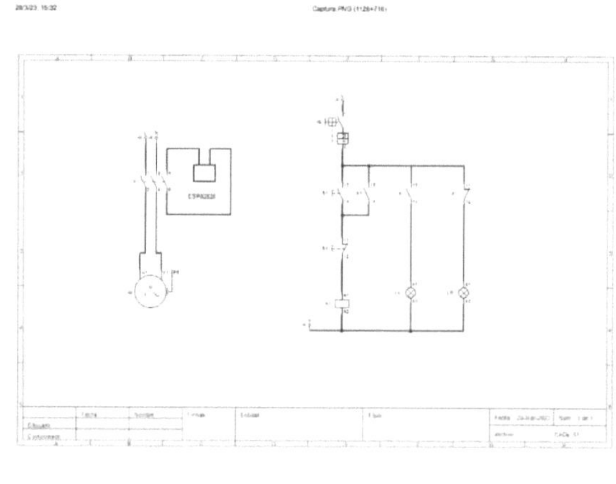

Nota: Se muestra el diagrama de control y fuerza utilizado para tener un mayor entendimiento de las conexiones y su aplicación con el proyecto desarrollado.

7.9   PROGRAMACIÓN EN PROGRAMA ARDUINO ID

La programación para poder conectar a la red wifi y configurar cada dispositivo de la tarjeta se utilizó el software de ARDUINO IDE. En el mismo se declaran las variables de programación y los lazos de programación en lenguaje writting mediante comandos.

Ilustración 11 Diseño informático de programación

```cpp
  while (WIFI.status() != WL_CONNECTED) {
   delay(500);
   Serial.print(".");
  }
  // Indicamos los datos de conexion para el monitor serie
  Serial.println("");
  Serial.println("Conectado WiFi");
  Serial.print("Direccion IP: ");
  Serial.println(WIFI.localIP());
  Serial.print("Pinging ip "); // Indicamos a la direccion IP a la que vamos a ejecutar el ping
  Serial.println(remote_ip);
  ThingSpeak.begin(client);  // Inicializamos ThingSpeak
}

void loop() {
  // Comprobar si se ha dado la vuelta
  if (millis() < ultimoTiempo)
  {
    // Asignar un nuevo valor
    ultimoTiempo = millis();
  }
  if ((millis() - ultimoTiempo) > intervaloEnvio)
  {
    // Marca de tiempo para el siguiente intervalo
    ultimoTiempo = millis();

    // Ejecutamos el metodo para saber la intensidad Wifi y lo asignamos a la variable rssi
    long rssi = WIFI.RSSI();
    Serial.print("RSSI: ");
    Serial.print(rssi);
    Serial.println(" dBm");

    // Ejecutamos el metodo para realizar el ping y el tiempo en milisegundos lo
    // asignamos a la variable avg_time_ms
    if (Ping.ping(remote_ip)) {
     avg_time_ms = Ping.averageTime();
     Serial.println("ping OK!!");
     Serial.print("Tiempo ");
     Serial.print(avg_time_ms);
     Serial.println(" ms");
    } else {
     Serial.println("Error :(");
    }
    // Tenemos dos variables con son los datos a subir a ThingSpeak
    // rssi : mide la intensidad de la señal WiFi
    // avg_time_avg : mide la media de 5 ping
    ThingSpeak.setField(1, rssi);
    ThingSpeak.setField(2, avg_time_ms);

    // subimos los datos a nuestro canal en ThingSpeak
    // 200 es el codigo tipico de una transmision OK en el protocolo HTTP
    int x = ThingSpeak.writeFields(numeroCanal, WriteAPIKey);
    if (x == 200) {
     Serial.println("Canal actualizado.");
    }
    else {
     Serial.println("Problema actualizando Canal. HTTP error code " + String(x));
    }
  }
}
```

```cpp
#include <ESP8266WIFI.h>
#include <ESP8266Ping.h>
#include "ThingSpeak.h"

//Configuracion Wifi, adaptalo a tu caso
const char* ssid     = "TU_SSID";
const char* password = "TU_CLAVE";
WIFIClient client;

//Datos acceso Canal ThingSpeak
unsigned long numeroCanal = 1641546;
const char * WriteAPIKey = "C018D0EVH8HDDG0M";

//Temporizador ThingSpeak XXseg
unsigned long ultimoTiempo = 0; // Almacena la última vez que se lanzo nuestro evento
unsigned long intervaloEnvio = 20000; // 20 segundos

int avg_time_ms; // variable global
//IP a la que vas a realizar el ping (puedes poner cualquiera)
const IPAddress remote_ip(8, 8, 8, 8);
//const char* remote_ip = "www.google.com"  // ejemplo con nombre de dominio

void setup() {
  Serial.begin(115200);

  // Empezamos conectandonos a la red Wifi
  Serial.println();
  Serial.println();
  Serial.print("Conectando ");
  Serial.println(ssid);
  WIFI.mode(WIFI_STA);
  WIFI.begin(ssid, password);

  while (WIFI.status() != WL_CONNECTED) {
    delay(500);
    Serial.print(" ");
  }
  // Indicamos los datos de conexion para el monitor serial
  Serial.println("");
  Serial.println("Conectado WIFI");
  Serial.print("Direccion IP ");
  Serial.println(WIFI.localIP());
  Serial.print("Pinging ip "); // Indicamos a la direccion IP a la que vamos a ejecutar el ping
  Serial.println(remote_ip);
  ThingSpeak.begin(client); // Inicializamos ThingSpeak
}

void loop() {
  // Comprobar si se ha dado la vuelta
  if (millis() < ultimoTiempo)
  {
    // Asignar un nuevo valor
    ultimoTiempo = millis();
  }
  if ((millis() - ultimoTiempo) > intervaloEnvio)
  {
    // Marca de tiempo para el siguiente intervalo
    ultimoTiempo = millis();

    // Ejecutamos el metodo para saber la intensidad Wifi y lo asignamos a la variable rssi
    long rssi = WIFI.RSSI();
    Serial.print("RSSI: ");
    Serial.print(rssi);
    Serial.println(" dBm");

    // Ejecutamos el metodo para realizar el ping y el tiempo en milisegundos lo
    // asignamos a la variable avg_time_ms
    if (Ping.ping(remote_ip)) {
      avg_time_ms = Ping.averageTime();
      Serial.println("ping OK!");
      Serial.print("Tiempo ");
      Serial.print(avg_time_ms);
      Serial.println(" ms");
    } else {
      Serial.println("Error :(");
    }
```

Nota: Se muestran los diseños previamente establecidos, aplicando las variables y parámetros para una mejora en el sistema de monitoreo y para que pueda enlazarse la tarjeta a la nube.

8 RESULTADOS Y DISCUSIÓN

En la página Thing Speak podemos visualizar los resultados obtenidos de la tarjeta reflejada en las variables X0 y X1, estas borneras son las que transmiten la señal de estado del circuito de control desarrollado para las pruebas operativas, posteriormente los resultados son procesados en la nube para su visualización gráfica.

Ilustración 12 Resultado de los algoritmos

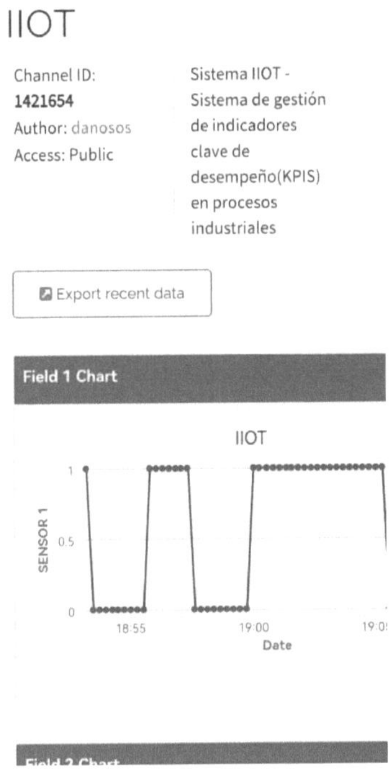

Nota: En esta etapa se muestra el correcto monitoreo del diseño, donde nos indica que las variables previamente establecidas funcionan con total normalidad y verificando que mediante cada pulso o cada censada podamos verificar en tiempo real todos los cambios en el proceso.

Los datos de operación tienen una demora de 6 a 7 segundos en respuesta de la nube esta variación es útil para indicadores de gestión que supervisan datos gerenciales del estado del proceso, sin embargo, para señales críticas como de alarma de una caldera los siete segundos son demasiada espera para dar una respuesta técnica correctiva por lo tanto su aplicación es de alto riesgo, con el tiempo se mejorarán los avances tecnológicos y se podrán reducir los tiempos de respuesta. Para la aplicación propuesta cumple con el requerimiento deseado.

9 CONCLUSIONES

- Para los procesos industriales usamos los indicadores de gestión de producción, para poder obtener resultados de todo el proceso en tiempo real ya que nos ayudará para gestionar o revisar desde la nube las perturbaciones, desvíos o errores en el proceso de productivo.

- Los siguientes indicadores que nos ayuden en los procesos industriales son; indicadores de productividad, indicadores de eficiencia, indicadores de rentabilidad, indicadores de competitividad.

- Estos sistemas permiten personalización casi completa. Los programadores pueden utilizar su propio código para modificar la interfaz del sistema, su funcionalidad e incluso las tareas que desempeña cada pin del microprocesador. De este modo pueden adaptarse a cualquier entorno.

10 RECOMENDACIONES

- Una de las recomendaciones de cual será el uso del sistema de indicadores de gestión es que puedan visualizar de cualquier parte del mundo mientras estén enlazados a la red wifi para tomar decisiones y ejecutar acciones correctivas en los procesos controlados.

- El sistema de indicadores mediante la plataforma thing speak pueden facilitar a gerencia la visualización de todo el rendimiento de las estrategias me mejora continúa aplicados al proceso industrial.

- Las tecnologías de sistemas embebidos son económicas, pero están en desarrollo pueden tener falencias en áreas industriales donde el ruido eléctrico y señales de armónicos estén en valores elevados

11 REFERENCIAS BIBLIOGRÁFICAS

Barranco, C. (31 de Mayo de 2013). *Con Tu Negocio. Las 7 características que debe tener todo KPI.* Recuperado el 22 de Junio de 2015, de sitio web Con Tu Negocio: http://www.contunegocio.es/marketing/7caracteristicas-debe-tener-todo-kpi/

Bizquerra, R. (2004). *Metología de la Investigación Educativa.* Madrid: La Muralla.

Bonnefoy, J., & Armijo, M. (Noviembre de 2005). Indicadores de Desempeño en el Sector Público. Santiago de Chile, Naciones Unidas: ILPESCEPAL.

Camí, T. (5 de Mayo de 2012). *Zumo de Marketing.* Recuperado el 20 de Junio de 2015, de ¿Qué es el Key Performance Indicator (KPI)?:

Carlos, S. (13 de Marzo de 2014). *Ascendo. Tipos de Key Performance*

Indicators (KPIs). Recuperado el 22 de Junio de 2015, de sitio web de Ascendo: http://www.acsendo.com/es/blog/tipos-de-key-performanceindicators-kpis/

Consulting Group Sixtina. (13 de Marzo de 2008). *Gestiopolis. Teoría y ejemplos de KPI Key Performance Indicators.* Recuperado el 18 de Junio de 2015, de sitio web de Gestiopolis: http://www.gestiopolis.com/teoria-ejemplos-kpi-key-performanceindicators/

Cruz, G., Lara, C., Ortega, M., Rabago, J., & Vilchis, R. (Diciembre de 2008). Implementación de KPI en ADEMSA. México: Instituto Politécnico Nacional.

10 ANEXOS

Imagen 1 Perforación para la ensamblar las señales y pulsadores

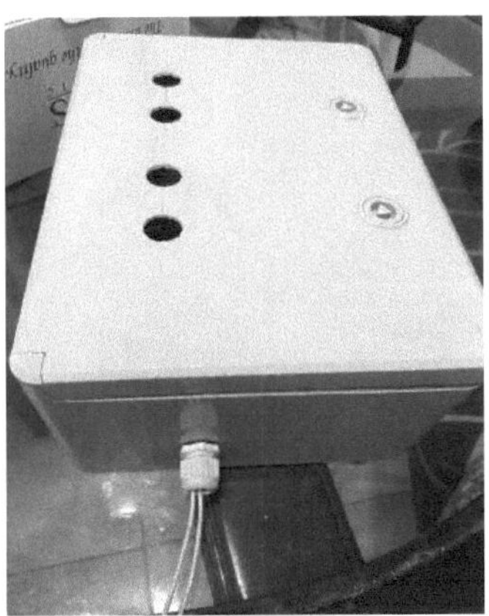

Ilustración 2 Instalación de indicadores luz indicadora y pulsadores NA/NC

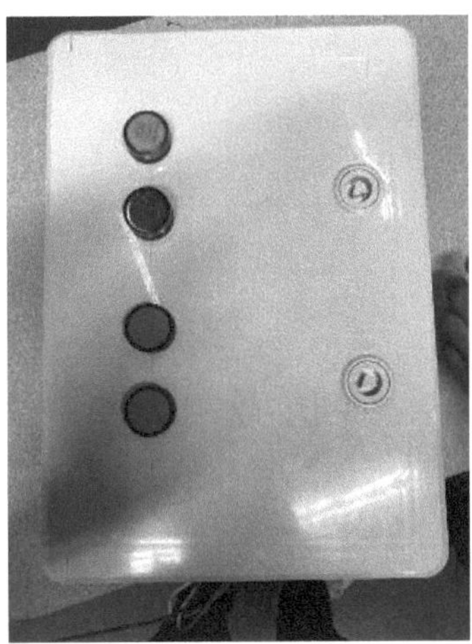

Imagen 3 Ensamblado de conexiones

Imagen 4 Inspección previa al monitoria miento de control

Imagen 7 Colocación previa al ensamblado de los componentes

I want morebooks!

Buy your books fast and straightforward online - at one of world's fastest growing online book stores! Environmentally sound due to Print-on-Demand technologies.

Buy your books online at
www.morebooks.shop

¡Compre sus libros rápido y directo en internet, en una de las librerías en línea con mayor crecimiento en el mundo! Producción que protege el medio ambiente a través de las tecnologías de impresión bajo demanda.

Compre sus libros online en
www.morebooks.shop

Printed by Books on Demand GmbH, Norderstedt / Germany